野生动物大探秘

草原动物探秘

[英] 北巡出版社 ◎ 编

张琨 ◎ 译

甘肃科学技术出版社

图书在版编目（CIP）数据

草原动物探秘 / 英国北巡出版社编 ；张琨译．--
兰州 ：甘肃科学技术出版社，2020.3
ISBN 978-7-5424-2748-9

Ⅰ．①草… Ⅱ．①英… ②张… Ⅲ．①草原－动物－
儿童读物 Ⅳ．① Q95-49

中国版本图书馆 CIP 数据核字（2020）第 036562 号

草原动物探秘

［英］北巡出版社　编
张琨　译

责任编辑　杨丽丽

出　版　甘肃科学技术出版社
社　址　兰州市读者大道 568 号　730030
网　址　www.gskejipress.com
电　话　0931-8125103（编辑部）0931-8773237（发行部）
京东官方旗舰店　https://mall. jd. com/index-655807.html

发　行　甘肃科学技术出版社　　印　刷　凯德印刷（天津）有限公司
开　本　889mm × 1194mm　1/16　印　张　3　字　数　50 千
版　次　2020 年 10 月第 1 版　2020 年 10 月第 1 次印
刷书　号　ISBN 978-7-5424-2748-9
定　价　48.00 元

目录

草原动物探秘

大草原上的生活

观赏野生动物最好的地方，就是去它们的自然栖息地——大草原。大草原是一大片长满了高草，却很少有树木的土地。那里又被称为热带草原，它分布在热带雨林的边缘。它们覆盖了印度部分地区、澳大利亚、南美洲和几乎一半的非洲大地。

气象观测

大草原终年温暖，温度在20℃~30℃。大草原只有两个季节——持续4～6个月的干燥的冬季，以及持续8个月之久的潮湿的夏季。大多数的大草原在夏季雨水充足，天气又热又潮湿；在冬季，天气干燥且凉爽得多，但干旱和火灾成为冬季的主要特征。森林大火是维持大草原的必要条件，否则，树木就会蔓延并最终覆盖整个草原。

大草原上的动物

有40多种有蹄哺乳动物，如羚羊、斑马、河马、犀牛和长颈鹿，它们都以大草原为栖息地。仅在东非的塞伦盖蒂平原，就生活着大约200万食草动物和500种鸟类。除了食草动物，大草原还是狮子、猎豹、豹子、鬣狗和野狗等大型食肉动物的家园。这里还能找到大量的爬行动物。

大草原上的生存技巧

冬季时，大草原的水资源非常有限，气候干旱。生活在这些地区的动植物已经适应了水资源短缺的生活。大草原上的草充分利用雨季时间，快速生长，在旱季则会变成棕色，以减少水分流失。必要的水分被储存在根部，在旱季中少量消耗。猴面包树的叶子只在雨季生长。它们把水储存在巨大的树干里，用于整个旱季的供水。金合欢的树根又长又直，能伸展到地底深处吸水。有些动物在整个旱季都待在洞穴里，而另一些动物则会迁徙。大多数草原动物都能跑得很快，这种适应性有助于它们在野火中逃生。

大草原上的植物

大草原上主要是高大的草，如星草、柠檬草、罗德斯草、象草和灌木。它们通常很粗糙，生长在光秃秃的地面上。非洲大草原上到处都是树木，主要以猴面包树和金合欢树居多。

大草原上的国王

狮子被称为“百兽之王”是有原因的。它是所有猫科动物中最威严、最强大的动物，它的大吼声就能体现出它巨大的力量。

大草原上的生活

狮子通常生活在开阔的草地上，而不是在沙漠或茂密的森林里。棕色的皮毛能帮助它们融入周围的环境。然而，雄狮华丽的鬃毛会暴露它的行踪，这也是雄狮在狩猎方面不如雌狮成功的原因之一。狮子有两种——非洲狮和亚洲狮。非洲狮生活在非洲大草原，而亚洲狮仅出没于印度西部古吉拉特邦的吉尔森林。

鬃毛的故事

雄狮是唯一有鬃毛的大型猫科动物，它们用鬃毛吸引雌狮，并吓唬竞争对手。鬃毛的颜色和长短决定了雄狮的力量。鬃毛颜色较深且较长的雄狮比鬃毛颜色浅且较短的雄狮更为成熟、强壮。不过，在雄狮捕猎时，浓密的鬃毛会把雄狮暴露在猎物面前。鬃毛还会提高雄狮的体温，当雄狮在温暖的栖息地驻足时，鬃毛有时会让它感到不舒服。

生而有力

狮子以它的力量而不是速度闻名。狮子能以合理的速度奔跑，但更喜欢悄悄靠近猎物。如果猎物察觉到敌人的存在并开始逃跑，狮子就会追赶它。然而，狮子并不能长时间追捕猎物。跑得快的猎物往往能在狮子的追捕中存活下来。大部分的狩猎都是由雌狮来完成，雄狮偶尔也会帮忙。雄狮单凭一己之力就能把像水牛那么大的动物掀翻，但雌狮并不是特别强壮，因此它们会成群狩猎，把猎物朝着雄狮的方向追赶。

动物档案

狮子

体　长：1.4 ~ 3.2 米

体　重：120 ~ 250 千克

寿　命：10 ~ 14 年

猎　物：羚羊、斑马、牛羚、水牛

威　胁：人类

保护状态：易危

估计数量：500 只亚洲狮和25 000 只非洲狮

▲ 非洲狮有着更浓密的鬃毛，外表比它的亚洲表亲更加威严。

社交生活

狮子是唯一群居的大型猫科动物。它们的家族被称为狮群，通常由2只雄狮、7只母狮和几只幼狮组成。但一个狮群也可能有多达40只雄狮、母狮和幼狮。狮群中的母狮彼此间通常是有亲缘关系的。雌性幼崽会一直生活在它们出生时的狮群中，但雄性幼崽在大约三岁时就会离开狮群。它们将四处流浪，直到被另一个狮群所接纳。

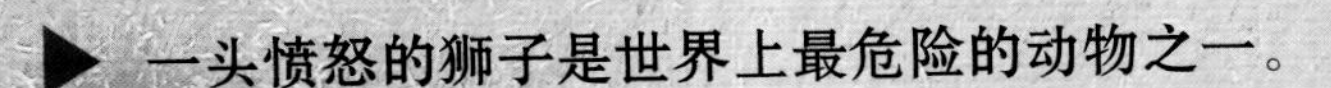

▶ 一头愤怒的狮子是世界上最危险的动物之一。

豹

豹是第三大猫科动物，仅次于老虎和狮子。它们是优秀的攀爬者，大部分时间都在树上度过。它们的适应性也很强，可以生活在从非洲大草原到亚洲密林等各种栖息地。

长着斑点的奇妙动物

豹子以浅褐色皮毛上的黑色玫瑰斑纹而闻名。这些斑点为这种猫科动物在各种栖息地生存提供了极好的伪装。当豹子在树上时，这些斑点尤其有用，因为它可以帮助豹子很好地藏身于树枝间。

树栖生活

豹子喜欢爬树。它们大部分时间都在树上度过。这些猫科动物甚至把自己的猎物也带到树上，以便能安静地享用。这么做还能阻止鬣狗偷走它们的猎物。豹子有着强壮的肩膀和胸肌，这使它们能把三倍于它们体重的猎物拖到树上。

熟练的猎手

与其他大型猫科动物一样，豹子喜欢伏击猎物，而不是追逐猎物。豹子藏在草丛或灌木丛中，当猎物靠近时，就跳起来攻击猎物。有时，豹子还会在树上跟踪猴子，甚至会从树枝上跳下来扑向猎物。豹子通常在夜间猎食，有些雌豹和幼崽更喜欢在白天猎食。它们吃各种猎物，如长颈鹿、豺、羚羊和鸟。

动物档案

豹

体　　长：90 ~ 190 厘米

重　　量：28 ~ 90 千克

寿　　命：12 ~ 17 年

天　　敌：鬣狗、狮子和老虎

猎　　物：长颈鹿、猴子、羚羊和鹿

威　　胁：天敌和人类

保护状态：近危，远东豹极危

估计数量：50 000 只，远东豹仅约60 只

猎　豹

猎豹是猫科动物家族中独一无二的成员，是唯一在捕猎时依靠速度而不是秘密行动的猫科动物。它们还是陆地上短距离内跑得最快的动物，速度能达到每小时113千米！

并非大猫？

猎豹通常被称为大猫。然而，与狮子和老虎这些真正的大型猫科动物不同的是，猎豹不会吼叫。它们会像家猫一样咕噜咕噜地叫。猎豹的体形也小得多，而且在白天活动，因为它们在捕猎时依靠的是视觉而不是嗅觉。猎豹是唯一拥有半伸缩式爪子的猫科动物，这意味着它们的利爪只能部分缩回。尽管有这些差异，但猎豹通常被认为是大型猫科动物家族中体形最小的成员。

为速度而生

猎豹身体的每个部位都能适应快速奔跑。这种猫科动物的体形窄，体重轻，腿细长，脊椎灵活。它还有个小脑袋、一张扁平的脸和放大的鼻孔，这能帮助它在奔跑时呼吸更多的空气。猎豹还有强大的心脏、增大的肺和超大的肝脏，它强壮的爪子能让它有力地抓住地面，肌肉发达的长尾巴能帮它保持平衡，尤其是在快速转弯的时候。

▲ 当猎豹冲刺时，它的脊椎就像一个巨大的弹簧，帮助它加速。

▲ 一只猎豹追上猎物并杀死了它。

动物档案

猎豹

体　　长：1.6～2.3米
重　　量：50～80千克
寿　　命：10～12年
天　　敌：狮子、鬣狗和猛禽
猎　　物：羚羊、非洲大羚、野兔和鸟
威　　胁：天敌和人类
保护状态：易危
估计数量：不足10 000只

速度的代价

猎豹的速度也是它最大的缺点之一。虽然猎豹能高速奔跑，但不能超过450米。这是因为，以如此高的速度奔跑会让猎豹的体温上升到足以致命的程度。这就是为什么猎豹不会长时间地追逐猎物，而通常会在一分钟内捕获猎物。它会在追捕过程中将猎物绊倒，然后咬住它的喉咙使其窒息。猎豹的小牙齿和无力的下颌使它无法折断猎物的脖子。

社交生活

雄猎豹非常善于交际，它们以小群体的形式生活在一起，通常由来自同一窝的兄弟组成。而雌猎豹更喜欢独自生活。雌猎豹独自照顾幼崽。当小猎豹大约18个月大时，妈妈就会离开它们。这群幼崽继续生活在一起，直到雌性幼崽长大到可以离开群体。雄性猎豹则终生都会在一起生活。

大 象

大象是世界上最大的陆地动物。它们体形庞大，强壮有力，没有天敌。大象有两种——非洲象和亚洲象。

体形很重要

非洲象和亚洲象之间的差别很大。两者都有很明显的特征，很容易识别。非洲象要比它们的亚洲表亲体形大得多，身上的毛发也更少。非洲象最显著的特征是它巨大的扇形耳朵。雄性和雌性的非洲象都有象牙，而亚洲象只有雄性才有象牙。

象鼻和象牙

象鼻是大象鼻子和上嘴唇的结合。大象用它强壮、灵活的鼻子搬运物品、折断树枝、摘取树叶，也用鼻子来喝水。当大象摇动鼻子捕捉气味时，鼻尖的鼻孔能帮助它闻气味，然后它把鼻子放在嘴里，这样体内特殊的器官就能识别那种气味。大象的长牙实际上是细长的门牙。门牙用途广泛，从挖掘食物和水，到领土争斗，乃至进行防御都会用到它。

动物档案

非洲大象

体　　长：3～3.5米

重　　量：5 500～8 000千克

寿　　命：60～70年

饮　　食：食草

威　　胁：人类

保护状态：易危

估计数量：350 000只

群居

大象是高度群居动物。它们群居在一起，被称为象群。象群以家族为单位，大约有30头。成员之间彼此非常亲密，由年龄最大的雌象担任头领。它们一起进食，一起洗澡，一起迁徙，像一个团体一样集体活动，并且紧跟头象。健康的大象照顾象群中的小象，以及生病和年老的大象。当受到威胁时，头象会带领象群一起逃跑。

大象的攻击

成年雄象是不被允许生活在它们出生的象群里的。当它们长到可以交配的年纪，要么离开象群，要么被成年雌象赶出象群。这些被逐出象群的雄象通常独自游荡或加入一个由年轻雄象组成的单身群体。雄象非常好斗。独来独往的雄象尤其危险，因为它们有时会毫无预兆地发起攻击。单身象群中的雄象之间经常互相争斗。

▼ 在争斗中取胜的大象被允许加入象群，生儿育女。

犀 牛

犀牛是一种有蹄的哺乳动物，分布在亚洲和非洲的部分地区。犀牛有五种：苏门答腊犀牛、爪哇犀牛、印度犀牛、非洲的白犀牛和黑犀牛。

▼ 爪哇犀牛是最稀有的犀牛种类。

共同的特征

不同种类的犀牛有一些共同特征。它们的皮肤很厚且有褶皱，还有又短又粗的腿和一条小尾巴。大多数犀牛在鼻子上方有一个大角，后面有一个小角。所有的犀牛都喜欢独自生活，只在交配季节才聚在一起。母犀牛和它们的幼崽待在一起，直到幼崽长大了，能照顾自己。

亚洲犀牛

印度犀牛或大的独角犀牛，是三种亚洲犀牛中数量最多的。它出没在尼泊尔和印度的阿萨姆邦。每种亚洲犀牛都有独有的特征。印度犀牛和爪哇犀牛只有一个角，而苏门答腊犀牛是所有犀牛中最小的，也是唯一长着厚厚的皮毛的犀牛。苏门答腊犀牛和爪哇犀牛是所有犀牛中最濒危的。目前世界上只有大约60只爪哇犀牛和100只苏门答腊犀牛。

非洲犀牛

白犀牛也被称为方吻犀。它出没在非洲东北部和南部。这种犀牛有一张大嘴，能帮助它把草割断。它的鼻子上有两只角，脖子后面隆起。与白犀牛相比，黑犀牛要小一些，脖子上也没有隆起。黑犀牛的上唇尖尖的，适于抓握，非常便于抓树叶。

动物档案

黑犀牛

体　　长：3～3.75米

体　　重：800～1400千克

寿　　命：35～50岁

天　　敌：野生猫科动物

饮　　食：食草

威　　胁：人类

保护状况：极危

估计数量：少于5 000只

无价的犀牛角

五种犀牛全都濒临灭绝，因为人们曾经为了获得犀牛角而大量猎杀犀牛。通过采取保护行动，印度犀牛和白犀牛的数量都有了明显增加。然而，爪哇犀牛、苏门答腊犀牛和黑犀牛的数量并没有恢复。犀牛角被用作传统的亚洲解毒药物，也用于制造匕首的手柄和其他昂贵物品。

河　马

河马在希腊语中的意思是“河中的马”。河马属于偶蹄类哺乳动物。这类动物通常有两个或四个脚趾。河马有四个脚趾，是一种巨大的食草动物，喜欢在水边嬉戏。

河马揭秘

只有在非洲部分地区才能见到河马。河马有两种——普通河马和倭河马。普通河马是陆地上最大的哺乳动物之一，它高约1.5米，重约4 000千克。不过，倭河马的身高只有75厘米，体重约180千克。

适应在水里

倭河马更喜欢待在水边而不是水里。然而，普通的河马花大量的时间在水里打滚。它们白天通常在水里生活，早晚出来觅食。河马的眼睛位于头顶，这使它潜水时，眼睛可以在水面以上。当它潜入水下时，鼻孔是封闭的。河马可以在水下停留半小时，尽管它们不喜欢在水下停留超过五分钟。

动物档案

河马

体　长：3～5米

体　重：1 300～4 000千克

寿　命：40～50年

天　敌：鳄鱼、狮子和鬣狗

饮　食：食草

威　胁：天敌和人类

保护状况：易危

估计数量：125 000～150 000只

▲ 这种淡粉色的色素还能保护河马免受致病细菌的侵害。

天然防晒霜！

河马的皮肤上几乎没有毛发。普通河马的皮肤是棕褐色的，倭河马的皮肤是墨绿色的。普通河马皮肤上的毛孔会分泌一种淡粉色的液体，这种液体被称为"血汗"，但这既不是血，也不是汗。这种液体由红色和橙色的色素组成，这两种色素都充当了河马的防晒乳液，能够吸收有害的紫外线，防止河马的皮肤在高温下开裂。

河马的习性

河马成群生活。一个河马群有10～20只河马。它们有很强的领地意识，会积极保护自己的族群。雄河马沿河岸标记自己的领地，并抵御其他雄河马的入侵。它们通常张大嘴巴，通过炫耀它们的大犬牙来威胁对方。在争夺领地时，雄河马经常用它们又大又结实的头作为武器。

▶ 雄性河马在保护它们的领地时会非常好斗。

羚　羊

术语“羚羊”是指一群食草的有蹄哺乳动物，它们与牛和山羊有关。世界上至少有90种羚羊，体形最小的是皇家羚羊，体形最大的是德氏大林羚。

共同的特征

所有的羚羊都有着轻盈细长的身体，身上覆盖着厚厚的短毛。大多数羚羊是沙棕色的，当然也有例外，比如南非剑羚，它的皮毛是灰黑色的。羚羊是偶蹄动物，尾巴短，后腿及臀部强壮。羚羊的腿很长，肌肉也很壮实，这些特点都能帮助它们快速奔跑。奔跑中的羚羊看起来好像在蹦蹦跳跳！羚羊也是优秀的跳跃者，但它不擅长攀爬。大多数种类的羚羊雄性和雌性都有角，但雄性羚羊的角通常更大些。

感知危险

羚羊是高度警觉的动物。它们的感官非常敏锐，这能帮助它们及早地注意到危险。细长的瞳孔能让羚羊从更广阔的视野中看清周围的环境，它们的听觉和嗅觉也非常灵敏，这能帮助它们在黑暗中感知危险。羚羊通常会用各种叫声相互发出警告。有些羚羊在躲避捕食者时会跳上跳下，并且保持腿伸直，这被称为“径直起跳”。

▲ 南非剑羚有一对独特的矛状角。

末路狂奔

羚羊的速度是它们对抗捕食者的利器。它们在受惊时通常会逃跑，不过，选择何时逃跑取决于捕食者的类型以及它与羚羊群的距离。羚羊会在狮子距离自己200米之后才开始逃跑；如果是猎豹，则会在猎豹距离自己800米时就开始逃跑。羚羊能迅速急转弯，并能长时间地快速奔跑。这是个巨大的优势，尤其在被猎豹追赶的时候，因为猎豹不能长时间以最快的速度奔跑。

动物档案

德氏大林羚

体　　长：2～3.5米

体　　重：300～1000千克

寿　　命：15～20年

天　　敌：狮子、土狼和豹

饮　　食：食草

威　　胁：天敌和人类

保护状况：低危

估计数量：15 000只

锁角

角是羚羊社交生活中的重要工具。在羚羊求偶和争夺领袖地位的争斗中，羚羊角非常重要。雄性羚羊具有领地意识，经常为了争夺对羚羊群的控制权而互相争斗。尽管每种羚羊都有不同的争斗方式，但所有羚羊都会把它们的角锁起来。雄性捻角羚会将它们的螺旋角锁紧，互相推来推去，直到其中一方放弃。而黑斑羚则会慢慢靠近对方，点点头或者翻个白眼的工夫，它们就已经冲上去，用角撞来撞去了。

牛 羚

牛羚是一种只有在非洲才能见到的大型有蹄哺乳动物，也被称为角马。牛羚有两种，一种被称为黑牛羚或白尾角马，另一种是蓝牛羚，它也被称为斑纹角马。

蓝牛羚

在两种牛羚中，蓝牛羚体形更大，也更为常见。它的头像个盒子，弯曲的大角向两侧展开，有点像牛。它还长着坚硬的黑色鬃毛。雄牛羚和雌牛羚都有角。它的名字取自它淡蓝灰色的毛发。深棕色的条纹从脖子一直延伸到它身体的中部。

黑牛羚

黑牛羚是非洲南部大草原特有的物种，身体呈深棕色到黑色。它最突出的特点是鲜明的白色尾巴和角的形状。它的角向前伸展，然后向上弯曲成“U”形。它有着刚硬的鬃毛，呈乳白色，顶端则是黑色的。

动物档案

蓝牛羚

体　　长：1.8～2 米

体　　重：120～240 千克

寿　　命：约20 年

天　　敌：狮子、鬣狗、豹子和野狗

饮　　食：食草

威　　胁：天敌和人类

保护状态：低危

估计数量：150 万只

格斗

雄性牛羚具有很强的领地意识。占有统治地位的成年雄性牛羚会通过用尿液做痕迹、用蹄子刮地面的方式来标记领地。当两只雄牛羚相遇时，它们会发出咕噜咕噜的叫声，用蹄子刨地，并把角直插向空中。一旦雄牛羚确立了自己的领地，通常会通过直立、刨地、仰面翻滚和大声吼叫来告知其他雄牛羚。在交配季节也能看到类似的行为。有时，两只雄牛羚会为了争夺领地或者雌牛羚而发生争斗。在这种情况下，这两只动物会双膝弯曲着面向对方，额头着地，然后用角撞击对方的头。

逃避天敌

牛羚有许多天敌，包括狮子、斑鬣狗、豹子、猎豹和野猪。每当有捕食者靠近，牛羚就会逃跑。刚出生的小牛羚在出生后两小时内就会跑。为了避免迷路或被吃掉，小牛羚会靠近它们的妈妈。

斑　马

斑马是一种类似于马的动物，身上有黑白相间的条纹。斑马主要有三种：平原斑马、山斑马和细纹斑马，它们分布在非洲的不同地区。斑马与众不同的黑白条纹能起到伪装作用。

多种图案的大衣

每种斑马的条纹各不相同。山斑马的腹部是白色的，它的黑色条纹要比平原斑马的条纹窄。平原斑马身上的条纹向后面的尾部弯曲，并在侧腹形成“Y”形。细纹斑马是体形最大的一种斑马，它的鬃毛直立而僵硬，比其他斑马的鬃毛都要长。细纹斑马身上的条纹更窄、更密，并且不会延伸到腹部。这些条纹在尾巴两边形成了一块闪闪发光的白色斑块。每只斑马身上的条纹也各不相同。

▲ 每一只斑马的外部都有独特的图案，就像人类的指纹一样。

群居生活

斑马群通常由20只左右的斑马组成，领头的总是一只雄斑马。斑马群中可能有两只成年雄性斑马，但只有一只占主导地位。成年公马通常会待在斑马群的后面，以保护其他成员免受捕食者的侵害。雌斑马终生随斑马群生活，而雄性小马驹一旦长大，就会离开斑马群，开始创建自己的马群。

动物档案

细纹斑马

体　　长： 2.5 ~2.75米

体　　重： 350 ~450千克

寿　　命： 约20年

天　　敌： 狮子、猎豹、鬣狗、野狗和豹子

饮　　食： 食草

威　　胁： 天敌和人类

保护状态： 濒危

估计数量： 2 500只

防卫策略

当遇到危险时，斑马会以极快的速度逃离捕食者。它们能以每小时55千米的速度奔跑。如果捕食者靠得太近，斑马还能用牙齿和腿防御。斑马有力的一踢能造成严重伤害——踢断狮子的下巴，甚至杀死鬣狗！斑马身上的黑白条纹也能保护它免受攻击，条纹会使捕食者在追逐斑马群时很难把注意力集中在一只斑马身上。晚上，斑马群中会有一只斑马放哨，其余的斑马睡觉。

叫喊

斑马是非常吵闹的动物，它们用各种各样的叫声进行交流。雌斑马和小马驹分开时会发出呜咽声。斑马也会通过大声呼叫，寻找走失的孩子或朋友。它们在逃离捕食者时还会发出嘶鸣和吼叫，以警告危险。

长颈鹿

长颈鹿是陆地上最高的动物。它能长到5.5米高，并以其超长的腿和脖子而闻名。这种神奇的有蹄哺乳动物出没于非洲东部和南部。许多长颈鹿都生活在安哥拉和赞比亚这两个国家，它们喜欢在大草原和开阔的林地中漫步。

触及上方

仅长颈鹿的脖子就有1.8米长——这是一个成年人的高度！和人类一样，长颈鹿的脖子上只有七节椎骨。但它的椎骨要长得多，由高度灵活的关节分开。长颈鹿的长脖子使它能够到较高的树枝并摘取树叶。

▼ 只有长颈鹿才能站立在地面上够到大草原上金合欢树的顶部。

多刺的食物

为了日常生活，长颈鹿要吃很多东西来获取能量。成年长颈鹿每天能吃超过60千克的叶子。虽然长颈鹿能吃各种植物，但它最喜欢的食物却是多刺的金合欢树的树叶。金合欢的长刺能阻止大多数动物吃它的叶子，但却无法阻止长颈鹿！长颈鹿的舌头长约45厘米，上面覆盖着叫作乳突的小凸起，能保护它的舌头免受刺伤。长颈鹿的嘴也会分泌黏稠的唾液，唾液会包裹住所有可能被意外吞食的刺。

长颈鹿的运动

长颈鹿的身体可能比其他有蹄动物都短，但它的长腿却大大地弥补了这个缺点。长颈鹿的前腿略长于后腿，它有一种特殊的行走方式，会同时移动身体同侧的前腿和后腿，然后才是另一侧的腿，这种行走方式被称为“踱步”。但奔跑时，长颈鹿会先移动前腿，再迈后腿。它奔跑的速度可达48千米每小时。它会将后腿向上摆动，把后腿放在前腿之前，前腿从膝盖处弯曲。它的颈部来回移动，以便在奔跑时不会翻倒。

动物档案

长颈鹿

身　　高：4.3 ~ 5.7 米

体　　重：800 ~ 1 200 千克

寿　　命：20 ~ 25 年

天　　敌：狮子、鳄鱼、豹子和鬣狗

饮　　食：食草

威　　胁：天敌和人类

保护状态：易危

估计数量：不足10 万只

长颈鹿有独特的行走、奔跑及饮水方式。

防御手段

长颈鹿长着一对覆盖着皮肤的骨头角。这些角被称为触角，顶端有一簇黑色毛发。雄性长颈鹿在交配季节会用触角互相争斗。触角也被用来保护幼崽免受捕食者的侵害。不过，在这种情况下，长颈鹿通常会用腿来发起致命的一踢。长颈鹿皮肤上的斑点图案为它们提供了很好的伪装，让它们看起来像一棵枯树。

鬣 狗

▲ 鬣狗幼崽靠近它们的窝点待着，这样遇到危险时可以及时跑到安全地带。

鬣狗是非洲大草原上最常见的食肉动物。有四种不同类型的鬣狗——土狼、斑鬣狗、条纹鬣狗和棕色鬣狗。其中，斑鬣狗是最著名的也是数量最多的鬣狗种类。

鬣狗揭秘

鬣狗的颜色可能是浅棕色到深棕色，甚至可能是灰色的，这取决于品种。它们身体紧实，脑袋小，下颌强劲有力，足以咬碎最大的骨头。它们的前腿比后腿长。鬣狗非常聪明，从它们独特的捕猎方式中就能看出来。与普遍的看法不同，并非所有鬣狗都是食腐动物。棕色鬣狗和条纹鬣狗才是这个家族真正的食腐动物。斑鬣狗是具有攻击性的猎手，而土狼则以昆虫为食。

▲ 斑鬣狗捕获的猎物要比其他种类的鬣狗多。

狮子对鬣狗

狮子是鬣狗最大的竞争对手，反之亦然。狮子经常进入鬣狗的领地杀死它们的幼崽。在这样的威胁下，鬣狗会聚集在一起，在穴的前方筑起一道墙。它们会竖起尾巴和背上的毛发，发出诡异的“笑声”。如果鬣狗数量很少，它们就会站着，保护幼崽，希望能耗尽狮子的体力。然而，如果防御的鬣狗数量庞大，有些鬣狗可能会从背后攻击狮子，咬狮子的尾巴和臀部。

善于思考的猎人

斑鬣狗是非常成功的猎手。它们的狩猎风格取决于猎物的多少和大小。在猎物数量少的地方，鬣狗群很小，通常由7～10只鬣狗组成。在这些地方，单只鬣狗经常独自捕捉小动物。然而，如果有大量猎物，鬣狗就会成群捕猎。它们的狩猎风格还取决于猎物的大小和行为。狩猎牛羚时，鬣狗会组成小群。一只鬣狗会跑进牛羚群把它们冲散，然后从中挑出身体最弱的牛羚开始追逐。其他鬣狗也会加入追逐，直到把牛羚累得筋疲力尽才杀死它。

动物档案

斑鬣狗

体　长：95 ～150 厘米

体　重：40 ～80 千克

寿　命：约12 年

天　敌：狮子

猎　物：牛羚、瞪羚和斑马

威　胁：天敌和人类

保护状态：低危

估计数量：25 000 ～47 000 只

◀ 猎捕斑马的时候，两只鬣狗去分散斑马群首领的注意力，而其他鬣狗则去追逐身体最弱的斑马。

大草原上的犬科动物

大草原上生活着许多犬科动物，包括豺和野狗。非洲有三种不同的豺，一种是金色的，一种是侧纹的，另一种是黑背的。非洲猎犬濒临灭绝。

豺

所有的豺都有类似狗的特征和毛茸茸的尾巴。它们的腿长、脚钝，这有助于它们长距离奔跑。豺是夜间活动的动物，在黎明和黄昏时比较活跃。这种动物主要以颜色区别种类。金豺是沙棕色的，而侧纹豺的身体两侧长着黑色和白色的条纹。

▶ 黑背豺是铁锈色的，背上有一小块黑色毛发。

豺的生活

豺通常成对或六只左右结成小群体一起生活，但也能见到单只豺出没。豺群通常由雄豺、雌豺和它们的幼崽组成。雄豺和雌豺终生为伴，成对的豺具有很强的领地意识，会拼死保卫自己的领地。它们通过尖叫声进行交流，并且只回应自己家庭成员的呼叫，而忽略来自其他家庭或个体的豺的叫声。虽然豺是食腐动物，但它们也是优秀的猎手。

非洲猎犬

非洲猎犬非常聪明。它的腿很长，每只脚有四个脚趾。它最显著的特征是彩色的皮毛和蝙蝠状的大耳朵。它还有有力的下颌，甚至能撕裂最厚的皮。通常6～20只猎犬会组成一个群体，由一对主要的繁殖猎犬和几只非繁殖的成年雄性猎犬组成。与其他群居动物不同，雌性猎犬在成年后就会离群。

优秀的猎手

非洲猎犬是非常高效的猎手。在食肉动物中，它们的捕食成功率最高。开始狩猎之前，猎犬群的成员会举行一个复杂的仪式，它们会从群体中穿行而过，触摸彼此并发出呼喊。在捕猎过程中，有些猎犬会跑得离猎物很近，其他猎犬则在远处跟随。当第一群狩猎的猎犬累了，后面的一群猎犬就会取而代之。这种技术被称为接力狩猎。

动物档案

非洲猎犬

体　　长：约1米

体　　重：17～36千克

寿　　命：10～13年

天　　敌：狮子和鬣狗

猎　　物：羚羊、牛羚、啮齿动物和鸟类

威　　胁：天敌和人类

保护状态：濒危

估计数量：3 000只

狒狒

狒狒是世界上体形最大的猴子之一。这些栖息在陆地上的猴子在整个非洲都很常见。狒狒主要有五种类型，分别是东非狒狒、豚尾狒狒、几内亚狒狒、草原狒狒和阿拉伯狒狒。除了阿拉伯狒狒，其余几种被统称为大草原狒狒。

共同特征

所有狒狒都有长长的口鼻，看起来像狗的口鼻一样。它们的眼睛距离很近，下颌非常有力。狒狒的身体上有厚厚的皮毛，屁股的皮肤粗糙。坐着的时候，这些无毛的皮肤能让狒狒坐得更舒适。雄性狒狒和雌性狒狒在体形和毛色上差别很大，雄性狒狒要比雌性狒狒大。

群集的狒狒

狒狒生活在群体之中。典型的狒狒群由大约50只狒狒组成，其中包括大约8只雄狒狒和2倍于雄狒狒数量的雌狒狒及小狒狒。大草原上的狒狒群通常由一只强势的雌狒狒领导，而雄狒狒通常负责保卫大家。狒狒们一起睡觉，一起行进，一起寻找食物。群成员之间通过相互梳理毛发建立紧密联系，这也有助于狒狒保持身体清洁，没有虱子。

▲ 行进过程中，狒狒经常停下来互相梳理毛发。

狒狒的行为

狒狒是杂食动物。不过，它们更喜欢吃草、浆果、树叶、树根和树皮。狒狒在白天觅食，但通常在一天中最热的时候休息。雌狒狒会用一只手抱着刚出生的幼崽，在行走时把它抱在肚子附近。当小狒狒大约六周大时，它就会躺在母亲的背上。尽管照顾小狒狒的是雌狒狒，但雄狒狒也会为小狒狒觅食并陪它们玩耍。

动物档案

阿拉伯狒狒

体　长：40～75厘米

体　重：10～30千克

寿　命：15～20年

天　敌：狮子、豹子和非洲野狗

饮　食：种子、草、昆虫、爬行动物和小型哺乳动物

威　胁：天敌和人类

保护状态：低危

阿拉伯狒狒

虽然阿拉伯狒狒生活在埃塞俄比亚和索马里的大草原边缘，但它们在行为和身体上却与大草原狒狒不同。它们也出没于中东、沙特阿拉伯和也门。这一物种的雄性以其独特的银灰色的浓密鬃毛著称。雌性是棕色的，无鬃毛，但雄狒狒和雌狒狒都有粉红色的脸和臀部。这个物种具有复杂的社会结构。一只成年雄性狒狒统治着由大约10只雌性狒狒组成的群体，这可谓雄性狒狒的后宫。两个或两个以上的后宫会组成一个家族；几个家族组成一个团队，许多团队就会组成一群，每群可以拥有140多名成员！

其他哺乳动物

除了羚羊、大型猫科动物、狒狒和猎犬外，大草原上还生活着各种各样的动物，有些动物对我们来说还是个谜。其他动物——比如青腹绿猴、薮猫、狞猫、瞪羚和疣猪——你也许听说过它们的名字，却可能对它们知之甚少。

薮猫和狞猫

薮猫和狞猫是孤独而神秘的野猫。这两种猫都有修长的身体和长腿。它们的头很小，脖子长，耳朵大，耳尖上有一簇黑色的毛发。薮猫和狞猫都在夜间捕食，所以它们主要依靠声音来定位猎物。一旦猎物被找到，它们就会悄悄地靠近，并扑向猎物。在吃掉猎物之前，薮猫经常会玩弄自己的猎物。狞猫以其出色的猎鸟技巧而闻名，它们能够伸出前爪去抓住飞鸟，有时甚至能一次抓多只。

青腹绿猴

在热带雨林之外的许多栖息地都能发现这种小小的黑脸猴子。不过，它们更喜欢出没于靠近大草原的金合欢林地，选择附近有溪流或湖泊的林地栖息。与所有猴子一样，青腹绿猴生活在由10～50只猴子组成的群体中，猴群主要由成年雌猴和小猴子组成。成年雄猴会在猴群中进进出出。青腹绿猴最与众不同的行为是，它们会用不同的叫声来区别不同的捕食者。当一只猴子发出代表老鹰的叫声时，其他猴子就会躲进密林之中。

▲ 当有捕食者靠近时，青腹绿猴会喊叫，以警告其他成员。

疣猪

疣猪是唯一能够生活在干燥草原上的野猪。它的头很大，身体两侧有厚厚的防护垫或疣。两对大的疣位于眼睛下方，在长牙和眼睛之间。雄性疣猪的头部两侧各长有两个较小的疣，还有带一对长牙的细长鼻子，鬃毛从头顶一直延伸到背部中部。疣猪的家庭由雌性疣猪和幼崽组成，雄性疣猪独自生活或和其他雄性疣猪组成小群体共同生活。虽然雄性疣猪并没有领地意识，但在交配季节，彼此之间也会发生激烈的争斗。

动物档案

疣猪

体　长： 1～1.5米

体　重： 50～150千克

寿　命： 约15年

天　敌： 狮子、豹子和鬣狗

饮　食： 草、浆果、小型哺乳动物和爬行动物

保护状态： 低危

估计数量： 250 000只

◀ 疣猪的长牙是危险的武器。

秃鹫

秃鹫是一种以动物尸体为食的大型猛禽。正因如此，这些鸟才被称为食腐动物。虽然秃鹫被认为是猛禽，但它们很少自己杀死动物。它们的脚太弱，爪子太钝，无法有效地抓住活着的猎物。

食尸

秃鹫有许多与它们食腐的生活方式相适应的特征。它们的头，有时甚至脖子上都没有羽毛。这是巨大的优势，因为秃鹫必须把头伸进腐烂的动物尸体里。如果头部和颈部有羽毛，就会变得很脏且很难清洁，这会引起感染。秃鹫的视力很好，从远处就能发现动物尸体。有些秃鹫能用强有力的喙从动物尸体上撕下它们的皮。

辅助飞行

与其他飞鸟不同，秃鹫的身体很重。它们还有宽大的翅膀，能帮助它们将身体抬升到空中。然而，大多数较大的鸟类也依赖热空气来帮助它们飞行。秃鹫通常出现在干燥、开阔的陆地上，因为这些地区接近地面的空气随着温度的升高而上升，从而产生了热空气，也就是热空气的气泡。秃鹫在这些上升的气泡中滑翔，利用热空气来支撑起它们。

破裂的壳

秃鹫主要食尸，但它们并非不会去猎食。一些体形较大的秃鹫会捕食幼鸟和小型啮齿动物。例如，棕榈秃鹫就以油棕榈坚果和贝类为食，有些秃鹫还在浅水区捕食鱼类。最有趣的狩猎秃鹫是埃及秃鹫，它们会把鸵鸟蛋砸在石头上，或者把石头扔在鸵鸟蛋上，从而敲碎坚硬的蛋壳。如果附近没有石头，秃鹫就会先去寻找石头，再用喙把石头叼回来。

大自然的清洁工

秃鹫是主要的食腐鸟类，以动物尸体为食。所以，它们在保持环境清洁方面发挥着重要的作用。如果没有它们，动物的尸体会腐烂，并且污染环境，从而滋生疾病并引发传染。此外，许多皮革制革工人、工匠和骨骼收集者都依赖秃鹫为他们免费清理动物尸体！

动物档案

埃及秃鹫

体　长：58～70厘米

翼　展：155～170厘米

重　量：1.6～2.2千克

寿　命：约15年

饮　食：尸体和鸟蛋

保护状态：濒危

鸵　鸟

鸵鸟是一种不会飞的鸟，也是世界上体形最大的鸟。虽然它们不会飞，但能以每小时65千米的速度奔跑。鸵鸟是奔跑速度最快的双腿动物。

鸵鸟揭秘

鸵鸟能长到2.5米高，体重可达90～135千克。成年雄鸵鸟的羽毛大多为黑色，而雌性和年幼的雄性鸵鸟羽毛为灰褐色。鸵鸟有强壮的腿，每条腿各有两个脚趾，其中一个脚趾上有个大爪子。和其他鸟类一样，鸵鸟没有牙齿，因此无法咀嚼食物。不过，它们通过吞小石子来弥补这个缺陷，小石子有助于将胃中的食物磨碎，帮助消化。

▲ 鸵鸟即使坐着也能看到很远的地方。

四季之翼

鸵鸟的翅膀也许不能帮助它们飞翔，但能完成许多其他任务。在交配展示期间，雄鸵鸟会展开翅膀，跳一种特殊的求偶舞，以取悦雌鸵鸟。鸵鸟的翅膀也被用来为鸵鸟蛋和小鸵鸟遮阴。翅膀上柔软的羽毛能保护鸵鸟免受极端天气的伤害。夏天，鸵鸟用翅膀给自己扇风；冬天，它们用翅膀盖住自己裸露的腿来保暖。

安全措施

鸵鸟的脖子很长，这能帮助它们察觉远处的危险。成年鸵鸟很少有天敌，因为它们具有攻击性，能用强壮的腿踢出致命的一击。它们也能逃脱大多数捕食者的追捕。不过，雏鸟经常沦为豺之类捕食者的猎物。成年鸵鸟通常会用攻击性的动作来分散捕食者的注意力，这样雏鸟就能在混乱中逃脱。成年鸵鸟拍打着翅膀，吵吵闹闹地跑来跑去。有时，它们甚至会坐在地上用翅膀拍打尘土，直到雏鸟安全为止。

动物档案

非洲鸵鸟

体　　长：1.8～3米

体　　重：100～150千克

寿　　命：30～40年

饮　　食：水果、树叶、蜥蜴和其他小型哺乳动物

保护状况：低危

非洲是现在唯一能找到野生鸵鸟的地方。

集体行动

鸵鸟生活在干燥的地区，它们会成群结队地四处活动，寻找食物和水。鸵鸟群通常由5～50只鸵鸟组成。众所周知，鸵鸟还会和其他食草动物一起活动，比如羚羊和斑马。鸵鸟群可以由雄鸵鸟或雌鸵鸟领导，由鸵鸟群的首领选择牧场，并做出所有决定。

大草原上的爬行动物

非洲大草原上有世界上最大、最有趣的爬行动物。那里有各种各样的蜥蜴、蛇和巨大的尼罗鳄。

巨蜥

非洲大草原以生活在那里的大量巨蜥而闻名，其中最著名的就是草原巨蜥。这种巨大的蜥蜴身体粗壮，皮肤厚实，人们很容易根据它颈部和背部的棱鳞来识别它们。巨蜥的前腿有非常锋利的爪子，可以用来挖掘。它们用较长的后腿奔跑。这种蜥蜴有一条像蛇一样的蓝舌头，头能向四面八方转动！巨蜥可以像蛇一样张大嘴巴，吞食比自身更大的猎物。它们通常以蠕虫、昆虫、鸟类、小型爬行动物和啮齿动物为食。巨蜥在雨季吃很多食物，这样到了旱季，它们就可以不进食了。

尼罗鳄

尼罗鳄是三种非洲鳄鱼中体形最大的一种。成年尼罗鳄可以长到5米长。这种鳄鱼的鼻子很长，身体是橄榄绿色的。它们生活在淡水沼泽、河流和湖泊中，仅在非洲大陆和马达加斯加岛才能发现它们的踪迹。鱼是它们的主要食物，但它们也捕食大型动物，如羚羊、野生水牛，甚至大型猫科动物。尼罗鳄通常隐藏在水下，等待猎物过来喝水，从水面上只能看见它们的眼睛和鼻子。当猎物离得足够近时，尼罗鳄用它强有力的下颌咬住猎物，并把猎物拖到水中淹死。它们也吃已经死去的动物。

动物档案

尼罗鳄

体　　长：2.5～5.5米

体　　重：200～1 000千克

寿　　命：70～100年

天　　敌：大型猫科动物

猎　　物：鱼类和小型哺乳动物

保护状态：低危

估计数量：数十万条

尼罗鳄的牙齿是圆锥形的，这能帮助它们抓到并抓紧猎物。

蛇

大草原上最有名的蛇包括黑曼巴蛇和岩蟒。黑曼巴蛇是非洲最大的毒蛇，长可达4.5米。这也是世界上行进速度最快的蛇，据说每小时能达到20千米。黑曼巴蛇是一种生活在陆地上的蛇，它生活在开阔的草原和岩石多的地带。它们的毒性极强，仅咬一口就能杀死一个成年人。岩蟒是所有非洲蛇中最长的一种，长度可达6米。岩蟒对水的依赖性很高，会在夏天最热的时候躲进深洞里。

处境堪忧的大草原

大草原以及生活在此的所有动植物都面临着灭绝的危险。人类的活动如狩猎、过度放牧和对栖息地的破坏是大草原生存的主要威胁。

气候变化

地球正在逐步变暖，部分原因是工厂数量的增加和大规模的森林砍伐，导致大气中二氧化碳的含量增加。这种温室气体捕捉到太阳的热量，从而提高了环境温度。温度上升反过来严重影响到动植物的分布和数量。在原本就很炎热的热带草原地区，平均气温的上升导致了许多动物的死亡。气温升高还破坏了大草原上的几种草和灌木。大草原的降雨量变得越来越少，这使得动植物难以生存。

栖息地的破坏

在过去的几十年里，生活在大草原上的人数不断增加。这是需要严密关切的一个问题，越来越多的土地被用于住宅和农业。有时，人类也会引起火灾，火势会迅速蔓延并摧毁大片土地。人们还砍伐大草原上原本就不多的树木，用来建造房屋并将其作为燃料。这些行为破坏了自然的平衡，因为许多动物都要依靠树木遮阴和进食。

非法捕猎

非法捕猎是对大草原上野生动物生存的最大威胁之一。人们为了获取动物的肉、皮和角而猎杀它们。大象因其象牙而被广泛猎杀，犀牛因其角而被猎杀，这导致它们的数量急剧下降。虽然人们颁布了严格的法律来保护这些动物，但非法狩猎仍在继续威胁着大草原的野生动物。当野生动物的猎物短缺时，狮子和豹子就会攻击家畜，随后生活在该地区的人类就会杀死这些野生动物，以阻止家畜被杀。这是大草原上动物数量减少的另一个重要原因。

过度放牧

生活在大草原上的人们通常会饲养家畜，例如奶牛和山羊。这些动物在大草原上吃草，而草也是生活在那里的大量野生食草动物的主要食物。这就限制了野生动物的食物供应。过度放牧迫使许多像羚羊这样的食草动物为了寻找食物而迁移到别处。这种不自然的迁徙经常会导致许多野生动物死亡。野生动物也会从家畜身上感染到疾病。很多时候，野生动物无法抵抗这些疾病，疾病可能会在动物种群中传播并使整个种群灭绝。

▼ 为了人类的利益而清除大草原，以及过度放牧，使得大草原上供给野生动物的植被越来越少。